AF119286

BEI GRIN MACHT SICH IHR WISSEN BEZAHLT

- Wir veröffentlichen Ihre Hausarbeit, Bachelor- und Masterarbeit

- Ihr eigenes eBook und Buch - weltweit in allen wichtigen Shops

- Verdienen Sie an jedem Verkauf

Jetzt bei www.GRIN.com hochladen und kostenlos publizieren

Anonym

Kongruenzsätze (Klasse 6 Oberschule)

Stundenentwurf im Rahmen der Lehramtsausbildung

GRIN Verlag

Bibliografische Information der Deutschen Nationalbibliothek:

Die Deutsche Bibliothek verzeichnet diese Publikation in der Deutschen National-
bibliografie; detaillierte bibliografische Daten sind im Internet über http://dnb.d-
nb.de/ abrufbar.

Impressum:

Copyright © 2011 GRIN Verlag GmbH
Druck und Bindung: Books on Demand GmbH, Norderstedt Germany
ISBN: 978-3-656-82476-3

Dieses Buch bei GRIN:

http://www.grin.com/de/e-book/282984/kongruenzsaetze-klasse-6-oberschule

Sächsische Bildungsagentur, Regionalstelle Leipzig
Referat 41, Lehrerausbildung
Nonnenstraße 44c

Ausführliche schriftliche Stundenvorbereitung

im Rahmen des Vorbereitungsdienstes für das

Lehramt an Mittelschulen

Kurs: 19

Fach: Mathematik

Stundenthema: Einführung in die Kongruenzsätze

Inhaltsverzeichnis

1 Bedingungsanalyse

1.1 Organisatorische und technische Rahmenbedingungen an der Ausbildungsschule:

Die ██████████████ ist eine Mittelschule der ██████████ und befindet sich im Stadtteil Lößnig, umgeben von einem Neubaugebiet. Eine besondere Situation ergibt sich im Schuljahr 2012/2013 durch die Sanierung des Schulgebäudes und des damit verbundenen Umzuges in die Christian-Felix-Weiße-Schule (██████████████████████████) nach ████████. Die Baumaßnahmen konzentrieren sich auf einen barrierefreien Ausbau der Sanitäranlagen und des Treppenhauses. Außerdem wird die Schule den heutigen Anforderungen gemäß modernisiert. Durch die Auslagerung ergeben sich natürlich Einschränkungen. So steht z.B. kein offizieller Werkraum zur Verfügung, da einige Sicherheitsauflagen hier nicht erfüllt werden.

An der ██████████████ lernen momentan 315 Schülerinnen und Schüler, die von 30 Lehrerinnen und Lehrern in 15 Klassen unterrichtet werden. Das Kollegium wird zusätzlich durch zwei Schulsozialarbeiter und eine Bibliothekarin unterstützt. Im aktuellen Schuljahr wird die Klassenstufe 5 vierzügig, die Klassenstufe 6 dreizügig und übrigen Jahrgangsstufen zweizügig unterrichtet. Eine eigenständige Hauptschulklasse wurde nur in der 9. Jahrgangsstufe gebildet, ansonsten erfolgt der abschlussbezogene Unterricht ab Klasse 7 mit Hilfe einer äußeren Differenzierung in Form von Gruppenbildung in den Hauptfächern.

Seit dem Schuljahr 2007/2008 findet ausschließlich Blockunterricht statt. Daraus ergeben sich folgende Unterrichts- und Pausenzeiten:

Stunde	Beginn	Ende
1. Block	8:00 Uhr	9:30 Uhr
20 Minuten Pause	9.30 Uhr	9:50 Uhr
2. Block	9.50 Uhr	11:20 Uhr
15 Minuten Pause	11.20 Uhr	11:35 Uhr
3. Block	11:35 Uhr	13:05 Uhr
40 Minuten Pause	13:05 Uhr	13:45 Uhr
4. Block	13:45 Uhr	15:15 Uhr

Tab. 1: *Unterrichtszeiten*

Unsere Schule ist mit dem Qualitätssiegel Lions-Quest "Erwachsen werden" ausgezeichnet. Das Programm zielt auf die Förderung der sozialen und kommunikativen Kompetenzen von Schülerinnen und Schülern im Alter von zehn bis etwa 15 Jahren und leistet somit einen entscheidenden Beitrag zur schulischen Sucht- und Gewaltprävention sowie zur Berufsvorbereitung.

In der ▮▮▮▮▮▮▮▮▮▮▮ wird in jeder Pause, bis auf die 15 Minuten Pause nach dem zweiten Block, auf den Hof gegangen. Diese Hofpausen dienen einerseits zur Nahrungsaufnahme und andererseits zum Ausleben des natürlichen Bewegungsdranges. Die dadurch erreichte geistige Erholung dient zur weiteren effektiven Arbeit in den kommenden Blockeinheiten. Nach dem dritten Block haben die Schülerinnen und Schüler die Möglichkeit, an der Schulspeisung teilzunehmen oder auf dem Freigelände Mittag zu essen. Nach dem Unterricht besteht für die Schüler die Möglichkeit, das Ganztagsangebot der ▮▮▮▮▮▮▮▮▮▮▮ zu nutzen, welches neben der Freizeitgestaltung auch Hausaufgabenbetreuung und individuelle Förderung umfasst.

Die geplante Unterrichtsstunde für den zweiten Unterrichtsbesuch im Fach Mathematik beginnt am Mittwoch um 9.50 Uhr. Dies ist der zweite Block für die Klasse 8a und wird im Unterrichtsraum 102 im Haus 1 durchgeführt und ist das Klassenzimmer der Klasse 6b. Es sind dennoch fast alle für den Mathematikunterricht benötigten Materialien, wie z.B. Geodreieck, Tafellineal, Zirkel und Overheadprojektor vorhanden. Spezielle Materialien, wie z.B. Lochschablone, Sinuskurve oder Hohlkörper, müssten vor Unterrichtsbeginn organisiert werden.

1.2 Analyse der Lerngruppe:

Bei der zu unterrichtenden Klasse handelt es sich um eine 6. Klasse im Alter von 11-12 Jahren. Insgesamt umfasst die Klasse 19 Schüler und Schülerinnen, wobei diese sich aufteilen in 11 Mädchen und 8 Jungen. Eine Schülerin, wird allerdings längerfristig nicht am Unterricht teilnehmen. Entsprechend dem Schulprofil gibt es in der Klasse 15 Schüler mit einer Bildungsempfehlung für die Mittelschule und 3 Schüler mit einer Bildungsempfehlung für das Gymnasium. Momentan tendiert die Klasse dazu, dass alle Schüler nach der 6. Klasse weiterhin die Mittelschule besuchen werden, da die Leistungen nicht denen des Gymnasiums entsprechen.

Im bisherigen Verlauf des Schuljahres haben sich die Schüler der Klasse 6b im Fach Mathematik unterschiedlich stark entwickelt. Zu den leistungsstärkeren Schülern ge-

4

hören ███████████████ sowie teilweise ███████████████.
███████████████ haben hingegen Probleme dem Unterrichtsstoff zu folgen.
Besonders auffällig ist, dass diese zuletzt genannten Schüler mit den Grundrechenarten ihre Mühe haben. Betroffen davon ist vor allem das kleine Einmaleins. Eine
ganz besondere Aufmerksamkeit benötigen in der Klasse ███████████████.
███████ist ein Integrationsschüler und braucht demnach eine spezielle Förderung.
Probleme zeigen sich vorwiegend im Sozial- und Arbeitsverhalten. So kann er kaum
über einen längeren Zeitraum konzentriert arbeiten, vor allem dann nicht, wenn er mit
unangenehmen Aufgaben konfrontiert wird. Schwierigkeiten hat ██████ hauptsäch-
lich im mathematischen Bereich, denn hier hat er laut seiner Anamnese die größten
Rückstände. In erster Linie betrifft dies die Grundrechenarten, sodass er nur schwer
dem Unterrichtsstoff folgen kann. Man merkt aber auch, dass er bei der Bearbeitung
von Aufgaben seines Schwierigkeitsgrades, durchaus gut mit arbeiten kann.
███████ hat ebenso wie ██████ große Schwierigkeiten mit den Grundrechenarten.
Demnach fällt es ihr schwer dem Mathematikunterricht zu folgen. Weitere Probleme
hat sie ebenso wie ██████ im Arbeits- und Sozialverhalten. Zudem hat sie kaum die
Möglichkeit, die Unterrichtsinhalte zu Hause nachzuvollziehen, da sie das Tafelbild
nur unzureichend in ihr Heft übernimmt. Außerdem ist der Hefteintrag oft verschmiert
und Rechenwege sind nicht erkennbar beziehungsweise erst gar nicht übernommen
worden. Dies trifft aber auch auf andere Schüler ███████████████ zu.
Ein großes Interesse am Fach Mathematik besitzen ███████████████. Sie
beteiligen sich sehr lebhaft am Unterricht und können auftretende Probleme meist
eigenständig lösen. Sie können sich über einen längeren Zeitraum gut konzentrieren
und ausdauernd arbeiten. Neue (unbekannte) Aufgabenstellungen können sie häufig
selbstständig bearbeiten. Sie sind auch immer wieder bereit, ihren Mitschülern auch
ohne Aufforderung zu helfen.

Andere Schüler (███████████████████████████) beteiligen sich
eher selten am Unterrichtsgeschehen. Auch lassen sie sich leicht ablenken. Dennoch
sind sie lernwillig und bereit sich anzustrengen. Dies gilt auch für ███████. Er beteiligt
sich zwar lebhaft am Unterrichtsgeschehen lässt sich jedoch leicht ablenken und ar-
beitet oft sehr hastig und unkonzentriert.
███████████████████████████ sind Schüler, die sich je nach Interesse
im Unterricht einbringen. Sie melden sich häufig, geben jedoch oft eher unüberlegte

Antworten. Bei Problemen lassen sie sich leicht entmutigen. Sie arbeiten meist hastig und unkonzentriert und beweisen wenig Durchhaltevermögen. ███████████ ██████ beschäftigen sich dabei auch oft mit unterrichtsfremden Dingen. Zudem bringen sie ihre angefangenen Arbeiten oft nicht zu Ende. In bestimmten Situationen haben sie auch Probleme, sich an vereinbarte Regeln zu halten. Ebenso haben sie Schwierigkeiten im Sozialverhalten. Bei Partnerarbeit beispielsweise fällt es ihnen schwer, ihren Partner zu helfen. █████ lehnt es ab, mit bestimmten Schülern zusammen zuarbeiten. Dazu zählt auch █████. Sie hat darüber hinaus auch große Probleme mit den Grundrechenarten. Außerdem bringt sie sich kaum in den Unterricht ein und meldet sich nicht bei auftretenden Problemen.

Meine mit dieser Klasse haben gezeigt, dass die Schüler besonders dann Probleme haben, wenn sie in den Erarbeitungsphasen zu frei arbeiten können. Findet hingegen ein Frontalunterricht oder ein stark geregelter „offener" Unterricht statt, arbeiten die Schüler gut mit. Demnach ist momentan eine reine offene Unterrichtsform in der Klasse kaum möglich. Stattdessen müssen sie langsam an diese herangeführt werden. In Übungsphasen haben die Schüler jedoch bereits gezeigt, dass sie in Partnerarbeit durchaus selbstständig arbeiten können.

2 Einordnung der Stunde in den Lernbereich

2.1 Tabellarische Lernbereichsplanung

Klasse 6

Lernbereich 3   Geometrie der Ebene

Allgemein fachlich Ziele
- Entwickeln von Problemlösefähigkeiten
- Die Schüler können durch methodisches Zerlegen geometrische Probleme lösen.

Entwickeln eines kritischen Vernunftgebrauchs:
- Die Schüler nutzen Rechengesetze zum vorteilhaften lösen, verwenden den Taschenrechner sachgerecht, können die Ergebnisse kritisch beurteilen und mit sinnvoller Genauigkeit angeben.
- Die Schüler erkennen die Notwendigkeit des Beweisens an, nutzen ihre Fehler als Lernanlass, untersuchen bei Konstruktionsaufgaben die Lösbarkeit und Lösungsvielfalt und formulieren dazu Aussagen.

Sprache:
- Die Schüler erweitern ihren Fachwortschatz, wenden diesen bei der Beschreibung von Lösungsschritten, bei Eigenschaften von Figuren und Körpern und bei Konstruktionsschritten an.
- Sie verstehen auch Sachtexte, können relevante Informationen entnehmen und diese mit eigenen Worten wiedergeben.
- Ebenso wenden sie "wenn - dann" und "je - desto" Formulierungen an.

Entwickeln des Anschauungsvermögens:
- Die Lagebeziehungen von Geraden und Winkeln sind Voraussetzung für Lagebeziehungen im Raum.

Erwerben grundlegender Kompetenzen im Umgang mit ausgewählten mathematischen Objekten:

- Die Schüler entwickeln Fertigkeiten im Kopfrechnen, im schriftlichen Rechnen und den Gebrauch des Taschenrechners beim Umgang mit Größen und gebrochenen Zahlen.
- Die Schüler können bei Konstruktionen und Begründungen die Kongruenzsätze für Dreiecke und weitere geometrische Sätze anwenden.

Da-tum	Anz. Std.	Fachlich Inhalt	Zielebene	Differenzierungs-hinweis	Be-wer-tung	Sozialfor-men/Methode n	Materia-lien
21. Nov	1	Motivation Wdh. Bis Klasse 5Begriffe: Gerade (über zwei Punkte), Stre-cke(Anfangs und Endpunkt), Strahl, WinkelartenBezeichnung der Objek-teLagebeziehungen von Gera-denWinkelmessen und zeichnen					
25. Nov	1	**Neben- und Scheitelwinkel** Winkel zeichnen Winkel messen *Präfomaler Beweis* - Nebenwinkel über gesteckten Winkel (Legen und berechnen) - Scheitelwinkel über gestreckter und Nebenwinkel	Kennen Einblick gewin-nen			Gruppenarbeit	

Datum	Inhalt				
28. Nov	Winkelbeziehungen an geschnittenen Geraden Stufenwinkel (Lage) , Größe Stufenwinkelsatz *- präformaler Beweis über Nebenwinkel, Scheitelwinkel bzw. gestreckter Winkel* *-Verschiebung parallel / nichtparallel* 1 Zeichnung/ Berechnung	Kennen			EA / PA
28. Nov	Übung Winkelbeziehungen 1 Wechselwinkel über Stufenwinkel	Kennen	LK		EA / PA
30. Nov	Dreiecke und Vierecken in unserer Umwelt *(Grundstücke, Giebel, Gauben, Brücken, Stützen)* Bezeichnung im Dreieck AB = c / BC = a / AC = b ; WinkelEinteilung der Dreiecke nach Seiten (gleichschenklig, gleichseitig, un-gleichseitig"Symmetrie") und nach Winkeln *(spitzwinklig, rechtwinklig, stumpfwinklig),* *-Bezeichnung: Schenkel, Basis, Basiswinkel* 1	Kennen			EA / PA
05. Dez	Seiten-Winkel-Relation - längere Seite größerer Winkel gegen-über - zwei Seiten stets größer als dritte Seite 1	Kennen			EA / PA
06. Dez	Innenwinkelsatz *-präformaler Beweis: Zerreißen und Anlegen* 1	Kennen	LK		EA
07. Dez	Einführung in Kongruenzsätze: - (sss); (wsw); (sws); - Begriff: Kongruenz (deckungsgleich) 1	Kennen		Dreiecke mit unter-sch. Angaben legen.	EA/PA

9

Datum		Inhalt	Lernziel		Sozialform	Material
09. Dez	1	Einführung in Kongruenzsatz: - (SsW) - Übung Untersuchung auf Kongruenz	Kennen		EA	Zirkel, Geodreieck, gespitzte Bleistifte
12. Dez	1	Kongruenzsätze und deren Bedeutung für die Dreieckskonstruktion - Konstruktion von Dreiecken (sss) ; (sws)	Kennen		EA	
12. Dez	1	Kongruenzsätze und deren Bedeutung für die Dreieckskonstruktion - Konstruktion von Dreiecken (wsw) ; (Ssw)	Kennen		PA	
13. Dez	1	Übung zur Dreieckskonstruktion - alle Kongruenzsätze	Beherrschen	nicht lösbare DreieckskonstruktionenUnterschiedliche EinheitenStücke umschreiben (a = 2b)	PA	
14. Dez	1	Übung zur Dreieckskonstruktion - alle Kongruenzsätze	Beherrschen	Überprüfung der Dreiecksungleichung	LK	
16. Dez	1	Wiederholung Flächenberechnung - Rechteck, Quadrat - Längen- und Flächeneinheiten umwandeln	Kennen		PA	
19. Dez	2	Flächeninhalt vom rechtwinkligen Dreieck Skizzen - Flächeninhaltsformel - versch. Dreiecke auch nicht lösbare.	Kennen	Koordinatensystem	EA	TR

10

Datum	Std.	Inhalt		unterschiedliche Variablen	LK	EA
20. Dez	1	Flächeninhalt vom beliebigen Dreieck Skizzen - Flächeninhaltsformel - Einführung Variable - Höhe im Dreieck	Kennen	unterschiedliche Variablen		EA/PA
21. Dez	1	Übung zur Berechnung von Flächeninhalt und Umfang vom Dreiecken -Skizzen - Flächeninhaltsformel	Kennen Beherrschen			EA/PA
03. Jan	1	Wiederholung zur Berechnung von Flächeninhalt und Übung zum Umfang vom Dreiecken - Skizzen - Flächeninhaltsformel	Kennen Beherrschen			EA / PA
04. Jan	1	Übung zur Berechnung von Flächeninhalt und Übung zum Umfang vom Dreiecken Skizzen - Flächeninhaltsformel - beliebige Vierecke zerlegen.	Kennen Beherrschen			EA / PA
06. Jan	1	Flächeninhalt vom Parallelogramm - Zerlegen in Dreiecks- und Rechtecksflächen (Teilprobleme) - Skizzen	Kennen Übertragen			
09. Jan	1	Übung zur Berechnung am Parallelogramm	Übertragen			
09. Jan	1	Flächeninhalt vom Drachenviereck - Zerlegen in Teilprobleme - Skizzen	Kennen Übertragen		LK	EA / PA
10. Jan	1	Flächeninhalt vom Trapez - Zerlegen in Teilprobleme - Skizzen	Kennen Übertragen			EA / PA

Datum				
11. Jan	1	Übung Flächenberechnung und Umfangsberechnung Trapez	Übertragen	EA / PA
13. Jan	1	Übung Flächenberechnung und Umfangsberechnung Trapez	Übertragen	EA / PA
16. Jan	1	Komplexe Übung Flächenberechnung - Suche nach relevanten Informationen	Übertragen	Lerntheke
16. Jan	1	Komplexe Übung Flächenberechnung - Suche nach relevanten Informationen	Übertragen	Lerntheke
17. Jan	1	Komplexe Übung Flächenberechnung - Suche nach relevanten Informationen	Übertragen	Lerntheke
18. Jan	1	Klassenarbeit		TR Teil

2.2 Inhalt und Ablauf der vorangegangenen und folgenden Stunde

Der Lernbereich 3 in der 6. Klasse umfasst das Themengebiet „Geometrie in der Ebene". Dabei haben die Schüler zunächst erst einmal einen allgemeinen Überblick erhalten, inwieweit das Thema „Geometrie in der Ebene" für sie wichtig Ist. Die Schüler sollten so für den nächsten Lernbereich motiviert werden. In den darauffolgenden Unterrichtsstunden haben die Schüler Nebenwinkel-, Scheitelwinkel-, Wechselwinkel und Stufenwinkelsätze kennen gelernt. Ebenso haben sie die Einteilung der Dreiecke nach Seiten und Winkeln sowie die Seiten-Winkel-Relation und den Innenwinkelsatz für Dreiecke kennen gelernt. Speziell in der vorangegangenen Unterrichtsstunde ging es um den Innenwinkelsatz für Dreiecke. Nun folgen die vier Kongruenzsätze. Dabei wird den Schülern in der ersten Unterrichtsstunde ein allgemeiner Überblick gegeben, dass bestimmte Dreiecksangaben notwendig sind, um Dreiecke zu konstruieren. So soll den Schülern vorab ein Zusammenhang der Kongruenzsätze verdeutlicht werden. Aus didaktischen Gründen werde ich jedoch nicht auf den vierten Kongruenzsatz (Ssw) eingehen. Dies würde zur Überforderung der Schüler führen.

In den darauffolgenden Unterrichtsstunden wird schließlich auch dieser Kongruenzsatz neben den anderen eine Rolle spielen. Auch werden die Schüler dabei das Konstruieren von Dreiecke erlernen.

3 Fachwissenschaftliche Analyse

Die Kongruenzsätze sind wichtige Bausteine im Mathematikunterricht der allgemeinbildenden Schulen. Die Kongruenzgeometrie findet dabei in der Ebene statt, wobei in der Schule speziell die Dreiecke behandelt werden. Der Begriff Kongruenz ist eng mit dem Begriff Symmetrie verbunden, der in der Grundschule bereits auf intuitiver Ebene entwickelt wird.[1] In der Sekundarstufe wird schließlich der Kongruenzbegriff erarbeitet. Kongruenz und Symmetrie sind dabei unterschiedliche Begriffe. „Symmetrie ist eine Eigenschaft geometrischer Figuren. Kongruenz ist dagegen eine Relation zwischen Figuren."[2]

Der Begriff „Kongruenz" stammt aus dem lateinischen und bedeutet deckungsgleich. In der Mathematik spricht man von deckungsgleichen geometrischen Figuren. Figuren sind kongruent, wenn sie in Größe, Form und Gestalt ganz übereinstimmen bzw.

---

[1] H-G. Weigand 2009 S 187
[2] H-G. Weigand 2009 S 187

sie vollständig zur Deckung gebracht werden können. Wenn zwei Figuren F_1 und F_2 kongruent zueinander sind, spricht man im Mathematikunterricht von: Figur F_1 *ist kongruent zu"* Figur F_2. „Eine Figur F_1 ist genau dann kongruent zur Figur F_2, wenn es eine Kongruenzabbildung gibt, welche F_1 auf F_2 abbildet"[3]. Mathematisch ausgedrückt heißt dies: $F_1 \equiv F_2$. Nicht verwechselt werden darf der Begriff Kongruenz mit dem Begriff der Ähnlichkeit. Ähnliche Figuren, zum Beispiel Dreiecke, stimmen in der Ebene in Form und Gestalt überein, jedoch nicht zwangsläufig in ihre Größe.

Kongruenzabbildungen können dabei durch Achsenspiegelungen, Punkt- oder Drehspiegelungen sowie durch Verschiebungen und durch die Verkettung dieser drei entstehen. Kongruente Figuren lassen sich dabei durch höchstens drei dieser Verkettungen erzeugen. Durch Drehung, Spiegelung, Verschiebung und/oder durch die Verkettung dieser drei (wobei höchstens drei geometrische Bewegungen benötigt werden) können so kongruente Figuren entstehen. Dabei kann ein Dreieck ABC durch diese Bewegungen in einem weiteren Dreieck A' B' C' abgebildet werden, welche schließlich in allen Seiten und Winkeln übereinstimmen. Ein zigstes Unterscheidungsmerkmal ist dabei die Lage.

Die Kongruenz von Figuren ist nicht nur eine Relation zwischen diesen, sondern darüber hinaus eine Äquivalenzrelation. Folgende Relationen bestehen:

- *Reflexivität:* Jede Figur ist zu sich selbst kongruent, d.h. sie stimmt in Form/Gestalt und Größe überein.
- *Symmetrie:* „Ist eine Figur F_1 kongruent zur Figur F_2, so gibt es eine Kongruenzabbildung, die F_1 auf F_2 abbildet. Deren Umkehrbildung ist eine Kongruenzabbildung. Diese bildet F_2 auf F_1 ab. Folglich ist F_2 kongruent zu F_1"[4]
- *Transitivität:* Wenn für drei Figuren F_1, F_2, F_3 gilt: $F_1 \equiv F_2$ und $F_2 \equiv F_3$, dann sind diese drei Figuren transitiv. „Es gibt dann eine Kongruenzabbildung Φ, die F_1 auf F_2 abbildet, und eine Kongruenzabbildung Ψ, die F_2 auf F_3 abbildet. $\Phi \circ \Psi$ ist eine Kongruenzabbildung, die F_1 auf F_3 abbildet, d.h. $F_1 \equiv F_3$."[5]

Bei den Kongruenzabbildungen gibt es zwei verschiedene Zugänge. Man unterscheidet zwischen dem abbildungsgeometrischen Zugang (Abbildungsmethode) und dem Zugang von Euklid (Kongruenzmethode).

---

[3] P. Kirsche, 1989, S.72
[4] P. Kirsche 1989 S. 72
[5] P. Kirsche 1989 S. 139

- *„Abbildungsmethode:* Man verwendet eine Kongruenzabbildung auf eine Figur oder eine Teilfigur an und folgert die Längen- bzw. Winkelgleichheiten aus den Eigenschaften dieser Kongruenzabbildung.

- *Kongruenzmethode:* Man sucht in der Figur Paare von Teildreiecken und beweist deren Kongruenz mit Hilfe der Kongruenzsätze. Hieraus kann man auf gleich große Winkel oder gleich lange Strecken schließen."[6]

Laut Professor Ludwig, wird die Kongruenzmethode in der Schule bevorzugt.[7] Aufgrund von verschiedenen Aussagen über Dreiecke (Seiten, Winkel) kann man Dreiecke eindeutig bestimmen und damit auf deren Kongruenz schließen. Wenn einer der folgenden Kongruenzsätze zutrifft, dann sind diese Dreiecke zueinander kongruent. Wichtig sind bestimmte Seiten- und Winkelangaben, durch die man eindeutig auf die Kongruenz von Figuren schließen und durch die man ein Dreieck eindeutig konstruieren kann.

1. Kongruenzsatz (sss):

Zwei Dreiecke sind zueinander kongruent, wenn sie in allen Dreiecksseiten übereinstimmen. Um aus einem Dreieck ABC ein kongruentes Dreieck A' B' C' zu konstruieren, benötigt man laut dem Kongruenzsatz (sss) alle drei Seitenangaben. Dabei geht man folgendermaßen vor:

   a. Zeichnen einer gegebenen Dreiecksseite (in diesem Fall Seite c' bzw. Strecke $\overline{A'B'}$)

   b. Um den Punkt A' wird mit dem Zirkel ein Kreis mit dem Radius b', und um den Punkt B' ein Kreis mit dem Radius a' geschlagen.

   c. Die Schnittpunkte der beiden Kreise ergibt den Eckpunkt C' des Dreiecks A'B'C'.

Damit stimmen schließlich alle Seiten und alle Winkel des Dreiecks ABC mit denen des Dreiecks A'B'C' überein. Dreieck ABC ≡ Dreieck A'B'C'.

2. Kongruenzsatz (sws):

Zwei Dreiecke sind zueinander kongruent, wenn sie in zwei Dreiecksseiten und dem einschließenden Winkel übereinstimmen. Um aus einem Dreieck ABC ein kongruen-

---

[6] Skriptum M. Ludwig Kapitel 3 S. 8
[7] Skriptum M. Ludwig Kapitel 3 S. 8

tes Dreieck A'B'C' zu konstruieren, benötigt man laut dem Kongruenzsatz (sws) zwei Seitenangaben und den Winkel, der von diesen beiden Seiten eingeschlossen wird. Dabei geht man folgendermaßen vor:

a. Zeichnen einer gegebenen Dreiecksseite (in diesem Fall Seite c' bzw. $\overline{A'B'}$)
b. Am Punkt A' wird nur der gegebene Winkel α' abgetragen (zwei Möglichkeiten)
c. Auf diesem Schenkel des Winkels α' wird nun vom Punkt A' aus die Dreiecksseite b' abgetragen.

Damit stimmen schließlich alle Seiten und alle Winkel des Dreiecks ABC mit denen des Dreiecks A'B'C' überein. Dreieck ABC ≡ Dreieck A'B'C'.

3. Kongruenzsatz (wsw):

Zwei Dreiecke sind zueinander kongruent, wenn sie in einer Dreiecksseite und den beiden angrenzenden Winkeln übereinstimmen. Um aus einem Dreieck ABC ein kongruentes Dreieck A'B'C' zu konstruieren, benötigt man laut dem Kongruenzsatz (wsw) eine Seitenangabe und die beiden anliegenden Winkel. Dabei geht man folgendermaßen vor:

a. Zeichnen einer gegebenen Dreiecksseite (in diesem Fall Seite c' bzw. $\overline{A'B'}$)
b. Am Punkt A' wird nur der gegebene Winkel α' abgetragen (zwei Möglichkeiten)
c. Am Punkt B' wird nur der gegebene Winkel β' abgetragen (zwei Möglichkeiten)
d. Der Schnittpunkt der beiden Schenkel des Winkels α und β ergibt den Punkt C'.

Damit stimmen schließlich alle Seiten und alle Winkel des Dreiecks ABC mit denen des Dreiecks A'B'C' überein. Dreieck ABC ≡ Dreieck A'B'C'.

4. Kongruenzsatz (Ssw):

Zwei Dreiecke sind zueinander kongruent, wenn sie in zwei Seiten und dem der größeren Seite gegenüberliegendem Winkel übereinstimmen. Um aus einem Dreieck ABC ein kongruentes Dreieck A'B'C' zu konstruieren, benötigt man laut dem Kongruenzsatz (Ssw) zwei Seitenangaben und den Winkel, der der größeren Dreiecksseite gegenüber liegt. Dabei geht man folgender Maßen vor:

a. Zeichnen der kleineren Dreiecksseite (in diesem Fall Seite b' bzw. $\overline{A'C'}$)

b. Am Punkt c' wird nun der Winkel γ' abgetragen. (zwei Möglichkeiten)

c. Am Punkt A' wird nun ein Kreis mit dem Radius c' abgetragen.

d. Der Schnittpunkt zwischen Kreis und dem Schenkel des Winkels γ ergibt den Punkt B'.

Damit stimmen schließlich alle Seiten und alle Winkel des Dreiecks ABC mit denen des Dreiecks A'B'C' überein. Dreieck ABC ≡ Dreieck A'B'C'.

4 Fachdidaktische Analyse

Insgesamt werden in der Mittelschule vier Kongruenzsätze behandelt. Laut Lehrplan sollen die Schüler diese zunächst kennen lernen und schließlich bei Konstruktionen sowie Beschreibungen anwenden. „Bei Konstruktionen und Begründungen wenden sie die Kongruenzsätze für Dreiecke und weitere geometrische Sätze an."[8] In der zu haltenden Unterrichtsstunde werden diese Kongruenzsätze zunächst eingeführt. Die Schüler sollen so erst einmal einen allgemeinen Überblick erhalten, was Kongruenz bedeutet, welche Kongruenzsätze es gibt und wofür diese benötigt werden. Die Schüler werden demnach lernen, was zueinander kongruente Figuren sind. Figuren sind zueinander kongruent, wenn sie in allen Seiten und allen Winkeln übereinstimmen. Dies können sie schließlich auch zu dem Begriff „deckungsgleich", den sie bereits bei Spiegelungen, Drehungen und Verschiebungen in der 5. Klasse kennen gelernt haben, in Beziehung setzen. Die Schüler werden auch die Kongruenzsätze kennen lernen und dabei erfahren, dass Dreiecke nur mithilfe der Kongruenzsätze eindeutig konstruierbar sind. Die Schüler werden in dieser und den folgenden Unterrichtsstunden die Ebene des Kennens der Kongruenzsätze und die Ebene des Anwendens bei Dreieckskonstruktionen nicht verlassen. In der Mittelschule finden bezüglich der Kongruenzsätze keine Beweise oder Herleitungen statt. Es geht allein um die Existenz und die eindeutige Konstruierbarkeit von Dreiecken.

---

[8] Lehrplan Mittelschule S. 13

5 Lernziele

- Die Schüler können den Begriff Kongruenz erklären.
- Die Schüler können Kongruenzsätze (sss), (sws) und (wsw) nennen und erklären.

6 Methodische Überlegungen

In der ersten Unterrichtsstunde zu den Kongruenzsätzen werden diese eingeführt. Die Schüler sollen erst einmal einen Überblick erhalten: Was sind kongruente Figuren, welche Kongruenzsätze gibt es und inwieweit spielen diese bei der Konstruktion von Dreiecken eine Rolle. Beginnen werde ich dabei nach der täglichen Übung mit einer Problemstellung, die eng mit der Lebenswelt der Schüler verbunden ist. Mir ist es wichtig, dass die Schüler erkennen, wozu man die Kongruenzsätze benötigt. Dazu benutze ich das Beispiel einer Skater - Rampe. Um wertvolle Unterrichtszeit zu sparen werde ich den Overheadprojektor einsetzen. So brauche ich keine Skater - Rampe an die Tafel anzeichnen. Stattdessen kann ich den Schülern gleich das Problem deutlich machen und mit ihnen ins Gespräch kommen. Hier sollen die Schüler Vermutungen anstellen, welche Angaben noch notwendig wären, um diese Skater - Rampe nachzubauen. Nachdem Erarbeitungsteil werde ich am Ende der Unterrichtsstunde darauf zurückzukommen. Die Schüler sollen dann mit ihrem erworbenen Wissen schließlich das Problem lösen. Da die Schüler noch nicht gelernt haben Dreiecke zu konstruieren, werde ich den Schülern im weiteren Verlauf Holzstäbchen, vorgefertigte Winkel und Transparentpapier austeilen, mit der Aufgabe diese Rampe aufzuzeichnen. Die Schüler sollen sich so enaktiv mit den Kongruenzsätzen befassen und durch die eigene Handlung zu Lösungsmöglichkeiten gelangen.

Dazu werde ich eine weitere Folie (farbig) auflegen, an der die Schüler erkennen können, welche Dreiecksangaben (Winkel oder Dreiecksseiten) sie erhalten haben. Da die Schüler vorrausichtlich Schwierigkeiten beim Zeichnen der Dreiecke haben werden, möchte ich folgendes verdeutlichen und somit eine Hilfestellung geben: Die Schenkel eines Winkels können verlängert werden, ohne dass sich das Winkelmaß verändert. Auch können zwei Dreiecksseiten durch Einzeichnen einer dritten Seite miteinander verbunden werden.

Da einige Schüler voraussichtlich Schwierigkeiten haben werden das Dreieck besonders den „wsw" Kongruenzsatz zu legen und zu zeichnen, bekommen die Schüler

zur Differenzierung unterschiedliche Angaben zum Dreieck. Einige Schüler
(████████████████████████) bekommen alle drei Seiten des Dreiecks, andere
(████████████████████████) nur zwei Seiten und den eingeschlossenen Winkel, und die dritte Gruppe (████████████████████████) bekommt eine
Dreiecksseite und die beiden anliegenden Winkel. Der vierte Kongruenzsatz wird in
dieser Unterrichtsstunde keine Rolle spielen, da zum einen in einer Unterrichtsstunde
zu wenig Zeit zur Verfügung steht und zum andern weil dieser Kongruenzsatz (Ssw)
für die Schüler zu schwierig zu verstehen ist. Dieser wird in den folgenden Unterrichtsstunden separat eingeführt. ███████████████████ werden diese Aufgaben
an der Tafel durchführen, sodass dies anschließend aufgegriffen werden und das
Tafelbild entwickelt werden kann. Außerdem sollen die Schüler so auf der ikonischen
Ebene angesprochen werden. Sie werden das Dreieck mithilfe einer Seite und den
beiden anliegenden Winkeln bzw. mit zwei Seiten und dem eingeschlossenen Winkel
an der Tafel anbringen. Dazu bekommen sie Materialien, mit denen sie an der Tafel
arbeiten können. Im weiteren Verlauf wird ein weiterer Schüler an die Tafel kommen
und das Dreieck mit allen Dreiecksseiten an der Tafel anbringen. Dies wird ein etwas
schwächerer Schüler machen, der bereits das Dreieck auf Transparentpapier gelegt
und gezeichnet hat, um Selbstvertrauen aufbauen zu können. Zudem ist an der Tafel
nicht genügend Platz, damit drei Schüler gleichzeitig an der „verdeckten" Tafel arbeiten können.

Nach dem die Dreiecke auf das Transparentpapier gezeichnet wurden, bekommen
die Schüler die Aufgabe ihr Dreieck mit dem des Nachbarn zu vergleichen, indem sie
die Transparentpapiere übereinander legen. Die Schüler erkennen so, dass alle Mit-
schüler die gleichen Dreiecke gezeichnet haben, jedoch mit unterschiedlichen Angaben. Dabei nennen sie den Begriff „Deckungsgleich", den sie bereits bei der Drehung, Spiegelung und Verschiebung in der 5. Klasse kennen gelernt haben. Diesen
Aufhänger nutze ich, um auf zu einander kongruente Figuren sprechen zu kommen.
„Figuren sind zueinander kongruent, wenn sie in allen Seiten und allen Winkeln
übereinstimmen". Damit sind Dreiecke zueinander kongruent, wenn sie in allen Dreiecksseiten und allen Winkeln übereinstimmen. Danach wird auf die Dreiecke an der
Tafel genauer eingegangen. Die Schüler, die die Aufgaben an der Tafel bearbeitet
haben, erklären ihren Mitschülern in wenigen Sätzen, wie sie dabei vorgegangen
sind. Die Schüler sollen so lernen in ganzen Sätzen zu sprechen und die Fachspra-
che gezielt einzusetzen. Der Lehrer wird währenddessen, durch auflegen weiterer

Innenwinkel und Dreiecksseiten den Schüler aufzeigen, dass alle Dreiecke an der Tafel zu einander kongruent sind. Für die Schüler soll so der Zusammenhang auf ikonischer Ebene noch einmal verdeutlicht werden. Der Lehrer schreibt zudem weitere Merksätze zu den Kongruenzsätzen an die Tafel. Im Anschluss an diese Phase erhalten alle Schüler ein Arbeitsblatt, das später in den Merkhefter übernommen wird. Diese gilt es zu bearbeiten. Die Merksätze zu den einzelnen Kongruenzsätzen befinden sich als Lückentext bereits auf dem Arbeitsblatt. Die Schüler haben die Aufgabe anhand der Merksätze in den bereits dargestellten Dreiecken die jeweiligen Winkel und/ oder Dreiecksseiten farbig zu gestalten und den Lückentext anhand des Tafelbildes zu ergänzen. So habe ich die Möglichkeit etwas Zeit zu gewinnen, um anschließend auf die Problemstellung zu Beginn der Unterrichtsstunde einzugehen.

Die Schüler sollen nun erklären, was die Mädchen beim Bau der Inline-Skate Rampe falsch gemacht haben und wie sie es besser machen können. Dazu legt der Lehrer die Folie vom Beginn der Stunde noch einmal auf. Zum Abschluss der Unterrichtsstunde legt der Lehrer eine weitere Folie auf. Auf dieser Folie befinden sich vier Dreiecke mit verschiedenen Winkel und oder Seitenangaben. Die Schüler sollen zu einander kongruente Dreiecke benennen und erklären, woran sie dies erkannt haben.

7 Verlaufsplanung

Thomas Linke

Thema der Stunde: Einführung in die Kongruenzsätze

Grobziele: Die S. können den Begriff Kongruenz erklären.
Die S. können Kongruenzsätze (sss), (sws) und (wsw) nennen und erklären.

Zeit	Phase	L-S- Aktivität	Medien / Sozialform /Methoden
7:30 10'	Begrüßung und tägl. Übung	L. und S. begrüßen sich. L. sagt Aufgaben an. S. schreiben Ergebnisse ins Übungsheft. L. sagt Ergebnisse an. S. korrigieren oder ergänzen die Ergebnisse. 1. $63+41=104$ 2. $3 \cdot 36 = 108$ 3. (Beta) schreibe den griechischen Buchstaben auf (β) 4. Welcher Dreiecksseite liegt der Winkel Beta gegenüber? Wie wird diese Dreicksseite bezeichnet? (b) 5. Welcher Innenwinkel im Dreieck liegt der Dreiecksseite c gegenüber? (γ) 6. Die Summe der Innenwinkel im Dreieck beträgt immer………. ($180°$) 7. $\alpha=45°$; $\beta=74°$. Wie groß ist im Dreieck der Innenwinkel γ? ($\gamma = 61°$)	Frontal Übungsheft
7:40 5'	Einstieg	L. legt Folie auf und erzählt eine kurze Geschichte. Beschreibt, wie sehen die Rampen aus im Gegensatz zur Rampe von Franzi! Was haben die Freundinnen falsch gemacht? Was müssen sie an ihrer Rampe ändern um die gleiche Rampe bauen zu können? Aufgabe: Helft den Mädchen, sodass genau dieselbe Rampe entsteht.	Frontal OHP, Folie
7:45 20'	EA	L. verteilt den S. unterschiedliche Stäbchen und Winkel, sowie Transparentpapier aus. Aufgabe: Dreieck legen und auf Transparentpapier zeichnen und mit dem Dreiecks des Nachbarn vergleichen. **Alle Drei Seiten bekommen:** **Zwei Seiten und den einschließenden Winkel bekommen:** **Eine Seite und die beiden anliegenden Winkel bekommen:** machen dies an der Tafel. Ein S. der mit den drei Dreiecksseiten das Dreieck bereits nachgezeichnet hat, macht dies noch einmal an der Tafel!	Einzelarbeit / Frontal Tafel und Materialien für die Tafel Transparentpapier, Winkel; Stäbchen OHP,

				Folie
		Dreiecke bzw. Rampen sind deckungsgleich. Fachwort lautet: Kongruenz!! L. klappt Tafel um und schreibt kurzen Merksatz an die Tafel: Zwei Figuren sind zueinander kongruent (deckungsgleich), wenn sie in allen Strecken und in allen Winkeln übereinstimmen.		
		Anschließend zeigt der L. die Ergebnisse der S. an der Tafel. Der jeweilige S. erklärt kurz wie er vorgegangen ist. L. zeigt, dass alle Dreiecke zueinander kongruent sind. Überträgt Teile an der Tafel auf die versch. Dreiecke. L. verteilt ein AB. Mit einem Lückentext und bereits eingezeichneten Dreiecken. S. sollen das Tafelbild übernehmen indem sie den Lückentext ausfüllen und in den Dreiecken (wie an der Tafel) die Dreiecksseiten und oder Winkel farbig machen.		
		Tafelbild		
		Kongruenzsätze 07.12.11		
		Zwei Figuren sind zueinander kongruent (deckungsgleich), wenn sie in allen Seiten und in allen Winkeln übereinstimmen. Für Dreiecke gibt es spezielle Kongruenzsätze.		
		Seite - Winkel - Seite (sws)	Seite – Seite – Seite (sss)	Winkel – Seite - Winkel (wsw)
		Zwei Dreiecke sind zueinander kongruent, wenn sie in zwei Seiten und den einschließenden Winkel übereinstimmen.	Zwei Dreiecke sind zueinander kongruent, wenn sie in allen drei Seiten übereinstimmen.	Zwei Dreiecke sind zueinander kongruent, wenn sie in einer Seite und den beiden anliegenden Winkeln übereinstimmen.
8:05 5'	Sicherung	L. legt Folie vom Einstieg auf. Erklärt mir was die drei Freundinnen hätten besser machen können, um deckungsgleiche (Wie heißt das noch mal?) Skater- Rampen bauen zu können? Es gibt noch einen weiteren Kongruenzsatz (SsW) Wer Lust hat kann zu Hause mal versuchen herauszufinden wie dies funktioniert. Mal schauen ob einer von euch ein guter Baumeister ist und vielleicht später mal solch einen Berufsweg einschlagen kann?		Sicherung OHP, Folie
8:10 5'	Übung	L. legt weitere Folie auf. Jeweils zwei Dreiecke mit Maßangaben. Welche Dreiecke sind zueinander kongruent? **HA: LB: S. 110 Nr. 15 Dreieckskongruenz nach" sws"**		Frontal Übung Folie HA

8 Anhang

8.1 Literaturverzeichnis

- Kirsche P., 1998: „Einführung in die Abbildungsgeometrie – Kongruenzabbildungen und Ähnlichkeiten", Stuttgart; Leipzig.
- Weigand H-G. et al., 2009: „Didaktik der Geometrie für die Sekundarstufe 1", Heidelberg.
- Krauthausen G., Scherer P., 2007: „Einführung in die Mathematikdidaktik", München.
- Lehrplan Mittelschule Sachsen Mathematik
- Skript: http://www.math.uni-frankfurt.de/~ludwig/vorlesungen/skripten/didgeo/Kapitel_1.pdf
- Skript: http://www.math.uni-frankfurt.de/~ludwig/vorlesungen/skripten/didgeo/Kapitel_3.pdf

8.2 Tafelbild und Arbeitsblätter

8.2.1 Folie

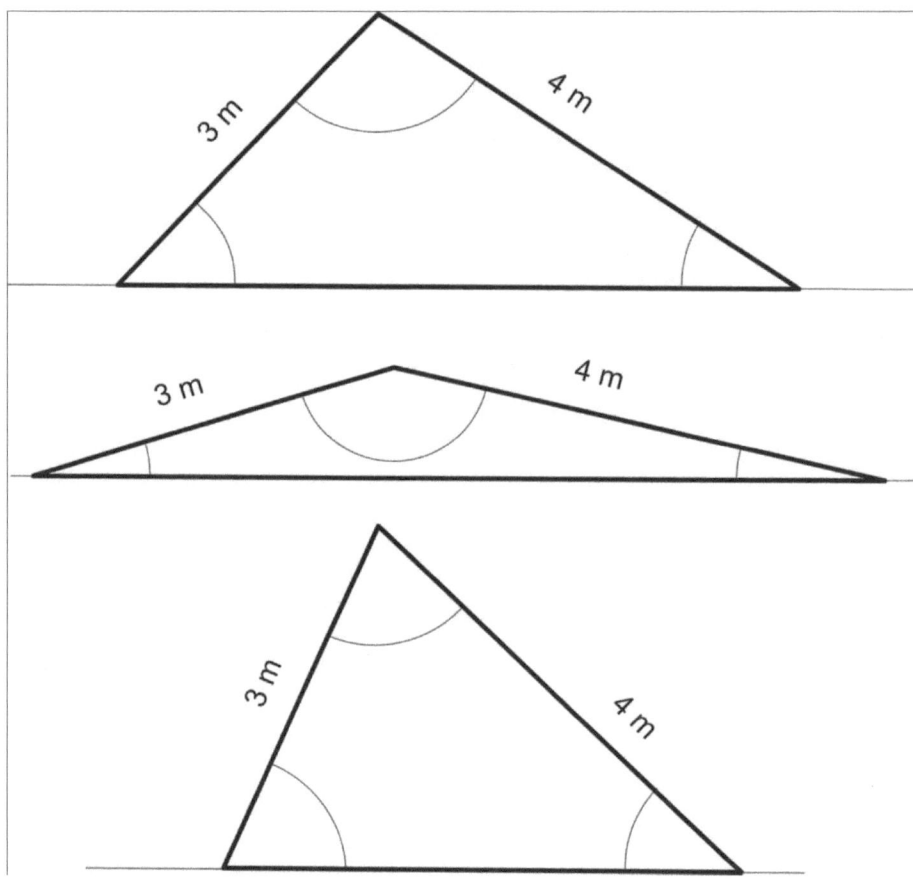

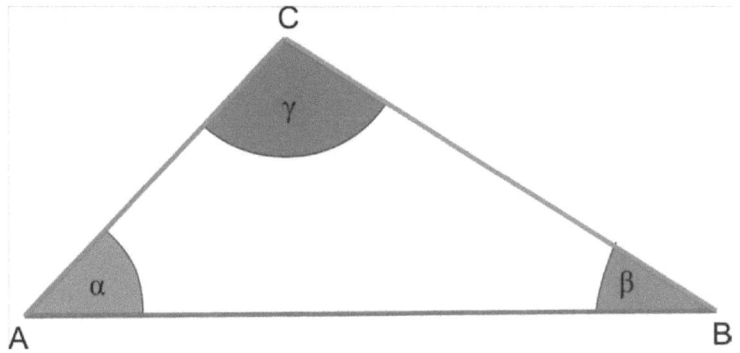

8.2.2 Folie Übungsaufgaben

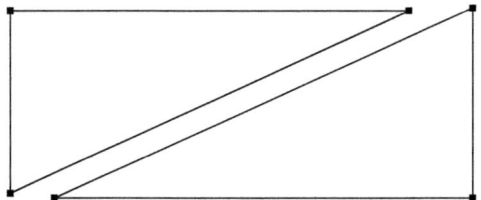

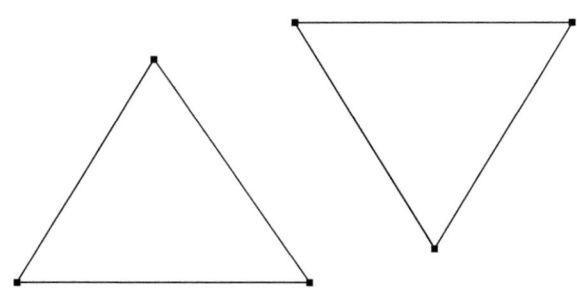

25

8.2.3 Tafelbild

Kongruenzsätze

Zwei Figuren sind zueinander kongruent (deckungsgleich), wenn sie in allen Seiten und in allen Winkeln übereinstimmen.
Für Dreiecke gibt es spezielle Kongruenzsätze.

Seite - Winkel - Seite (sws)

Zwei Dreiecke sind zueinander kongruent, wenn sie in zwei Seiten und den einschließenden Winkel übereinstimmen.

Seite – Seite – Seite (sss)

Zwei Dreiecke sind zueinander kongruent, wenn sie in allen drei Seiten übereinstimmen.

Winkel – Seite - Winkel (wsw)

Zwei Dreiecke sind zueinander kongruent, wenn sie in einer Seite und den beiden anliegenden Winkeln übereinstimmen.

26

8.2.4 Arbeitsblatt

Kongruenzsätze

Zwei Figuren sind zueinander kongruent (deckungsgleich), wenn sie in _____ Strecken und in _____ Winkeln übereinstimmen.
Für Dreiecke gibt es zusätzlich Kongruenzsätze.

<u>Seite -Winkel-Seite (sws)</u>	<u>Seite-Seite-Seite (sss)</u>	<u>Winkel-Seite-Winkel (wsw)</u>	<u>Seite-Seite-Winkel (SsW)</u>
Zwei Dreiecke sind zueinander _____, wenn sie in _____ zwei Seiten und den _____ Winkel _____ übereinstimmen.	Zwei Dreiecke sind zueinander kongruent, wenn sie in _____ _____ übereinstimmen.	Zwei Dreiecke sind zueinander kongruent, wenn sie in _____ und _____ übereinstimmen.	Zwei Dreiecke sind zueinander kongruent, wenn sie in _____ und _____ Winkel übereinstimmen.

27